La Biblia y la Genética

Fernando Castro Chávez

LA BIBLIA Y LA GENÉTICA

Copyright © 2018 Fernando Castro Chávez

All rights reserved.

ISBN-13: 9781728791913

DEDICATORIA

A todos aquellos que aman a Dios de cualquier nación o antecedente; a aquellos que realmente desean conocer a Dios y Sus maravillas presentes en Su revelación viva y en Su palabra, así como en Su creación.

"Por cuanto me has alegrado, oh Jehová, con tus obras; en las obras de tus manos me gozo. ¡Cuán grandes son tus obras, oh Jehová! Muy profundos son tus pensamientos…"
Salmo 92:4-5

LA BIBLIA Y LA GENÉTICA

CONTENIDO

DEDICATORIA, iii

CONTENIDO, i

AGRADECIMIENTOS, iii

INTRODUCCIÓN, 1

1 GENÉTICA Y NATURALEZA

   PLANTAS Y ANIMALES, 5

2 GENÉTICA Y HUMANOS

   HOMBRE Y MUJER, 13

3 GENÉTICA DE HÍBRIDOS ESTÉRILES Y DE PSEUDO-HUMANOS EXTINTOS, 19

4 LA GENÉTICA DE JESUCRISTO, 25

5 CONCLUSIONES, 29

6 APÉNDICE, 31

ACERCA DEL AUTOR, 33

FERNANDO CASTRO CHÁVEZ

AGRADECIMIENTOS

A Tracy Duncan, con quien comencé haciendo éstos estudios bíblicos allá en Houston, TX. En la portada original de mis transparencias había la pintura de un bello paisaje marítimo hecho por Dianne McAllister.

LA BIBLIA Y LA GENÉTICA

LA BIBLIA Y LA GENÉTICA

INTRODUCCIÓN

Siendo este uno de los temas más cercanos a mi corazón dado mi interés por las cosas genéticas que Dios creó, y debido a mi formación como postdoctoral en biología molecular, quisiera comenzar con una escritura que habla acerca de la gran autoridad que posee el ser humano:

"...y señoread en los peces del mar, en las aves de los cielos, y en todas las bestias que se mueven sobre la tierra" Gn. 1:28b.

El ser humano había en un principio sido designado para señorear sobre o controlar a todos los seres vivos, a los cuales menciona, tales como: peces, aves y todas las bestias.

La razón de toda maravilla biológica es el código genético formado por Dios, como nos dice la siguiente escritura:

"...en Tu Libro [¡El genoma humano!] estaban escritas todas aquellas cosas que fueron luego formadas..." Sal. 139:16.

Esta palabra "libro" (SPRK: *Sipreka*) es en hebreo una palabra con la que Dios anunció desde el principio el binomio del par de los nucleótidos de una misma clase (recordando que el hebreo se lee de derecha a izq.):

yik·kā·tê·ḇū	kul·lām	sip̄·rə·kā	wə·'al-
יִכָּתֵבוּ	כֻּלָּם	סִפְרְךָ	וְעַל-
they were written	all	Your book	and in

Es decir, del par de las purinas, y del par de los nucleótidos de la otra clase: el par de las pirimidinas, y esto lo hizo mediante el uso de dos consonantes similares entre sí en su forma hebrea, usando primero: SP, seguidas de otras dos consonantes similares entre sí en su forma hebrea como lo segundo: RK. En la figura de arriba se trata de la segunda palabra, transliterada con vocales para facilitar su pronunciación como "*sipreká*"; esta frase del hebreo, se puede traducir al español de la siguiente forma (comenzando a partir de la derecha): "…*Y en Tu libro todos ellos estaban escritos…*" (refiriéndose a cada uno de los componentes del cuerpo humano, por lo que aquí, el libro de Dios se refiere directa y específicamente al "Genoma humano", y de manera más general al "Código genético", que es la base para dicho genoma y para el de todo ser viviente). La imagen de arriba fue tomada de: https://biblehub.com/interlinear/genesis/2-23.htm

A continuación pongo del lado derecho de esta escritura el balance que se observa en el código genético circular clásico, el cual comienza con Phe y termina con Gly, la cual toca el lado izquierdo de la anterior, y esto, si seguimos el orden de las manecillas del reloj y dividimos su cuatro cuadrantes, entones nos hará ver que el cuadrante uno está en perfecto balance numérico con el cuadrante tres de la siguiente manera numérica: 1 (1) + 1(3) + 1(4) + 4(2), y así mismo, tenemos el balance numérico de los cuadrantes dos y cuatro de la siguiente manera numérica: 2(2) + 3(4). Para ver el detallado descriptivo de estos aminoácidos y de sus codones, ir al Apéndice de este libro.

Luego pongo una transparencia que incluye palabras verdaderas e inspiradas de Pasteur y de Mendel, las cuales son las siguientes, respectivamente:

"Lo más que estudio a la naturaleza, lo más que me sorprende la obra del Creador. En sus más pequeñas criaturas, Dios ha puesto propiedades extraordinarias…" Louis Pasteur (1822-1895). En: John Hudsion Tiner, Louis Pasteur - Founder of Modern Medicine (Luis Pasteur – Fundador de la Medicina Moderna), Milford, MI: *Mott Media Inc.*, 1990, p.75.).

"…Las especies han sido fijadas con límites más allá de los cuales no pueden cambiar" Gregor Mendel (1822-1884). En su único artículo clásico y verdadero que escribió: *Versuche über Pflanzen-Hybriden* (Experimentos en hibridización de plantas) (1865).

Luego explico, basado en una de mis propias publicaciones, lo siguiente: "Que cada prototipo de organismo ("Min" en hebreo) pudiera tener ilimitadas variedades dentro "de su órbita", ¡pero jamás brincar de una órbita a otra!…". En Castro-Chavez, F. The Rules of Variation Expanded, Implications for the Research on Compatible Genomics. *Biosemiotics* 2011:1-25. URL: http://www.ncbi.nlm.nih.gov/pubmed/21743816

Y en el dibujo con el que acompaño esta declaración se ven tres órbitas definidas y diferentes, una representando a todas las variantes de seres humanos otra representando a todas las variantes de pinzones y otra más representando a todas las variantes de perros, siendo ésta última más grande que las dos anteriores; con esto quiero indicar que puede dentro de esa órbita haber tantas cuantas variantes sean posibles, pero que siguen siendo todos ellos organismos compatibles entre sí, siendo plenamente capaces de producir descendencia fértil, pero siendo incapaces de brincar a otra órbita y aún así seguir siendo fértiles.

Para ir completando esta introducción presento del experimento de Pasteur la siguiente explicación, poniendo primero como encabezado lo siguiente: "Génesis 1: La Vida solamente se origina de la Vida", y a continuación mi explicación de ello: "La buena investigación de Luis Pasteur demostró que la *"Generación espontánea"* es falsa, siendo un falso evento necesario para quienes desean preservar la fantasía de la idea de la evolución darwiniana para el origen de la vida. Con su demostración, Pasteur fundó el campo entero de la microbiología, comenzando con su descubrimiento de que las bacterias son las que descomponen el caldo de pollo."

Luego pongo una foto con 7 x 14 = 98 rostros de los más diversos seres humanos jóvenes de todos los colores y rasgos y digo en el encabezado: "Género humano", y en la parte de abajo digo: *Homo sapiens*. Con esto quise indicar que por más variaciones que existan entre los seres humanos normales, todos ellos seguirán siendo plenamente compatibles unos con otros, independientemente de las diferencias en sus apariencias.

La presentación original en español de este estudio se encuentra en: https://www.youtube.com/watch?v=k1BUw5U80h8

LA BIBLIA Y LA GENÉTICA

1 GENÉTICA Y NATURALEZA: PLANTAS Y ANIMALES

Comenzamos con este estudio mediante el ver un mosaico de veinte hermosas fotos de animales, desde los que moran en las nieves hasta los que viven en los desiertos: Un zorro en la nieve, una mariposa azul sobre una gran hoja verde rugosa, un lobo en la nieve al lado de un río, una mariposa verde grande sobre hoja verde filamentosa, un perro tipo setter con una cascada al fondo atrás de él, otra gran mariposa azul con bordes negros sobre hoja verde lisa, un elefante levantando la trompa hacia el cielo cercano a un lago, un canguro hembra con su bebé en su bolsa delantera con un fondo de vegetación verde obscura, un okapi con la vista lejana de unas majestuosas montañas, un par de periquitos australianos verdes posados en unas plantas con frutos grandes, dos osos blancos a cuatro patas unidos labio superior con labio inferior, un mono araña de ojos y pelo crispado blanco, un par de cacatúas azules, el macho besa a la hembra en la nuca, otro lobo chapoteando a través de un arroyo, un gran perro en la cima de una montaña con otras dos montañas detrás de él, una mariposa del tipo monarca pero con alas ligeramente más pálidas o blanquecinas, un gran oso panda sentado al pie de una gran rama de un árbol lampiño con musgo sobre esa y sobre otras ramas cercanas, otro lobo aullando de pie sobre la nieve, un puma caminando en la nieve, el último es un lobo aullando pero echado sobre la nieve, de la que solamente sobresalen sus patas delanteras.

Y es por toda esta belleza natural que agradecemos y recordamos lo siguiente:

"Después dijo Dios: Produzca la tierra hierba verde, hierba que dé semilla; árbol de fruto que dé fruto según su género [tipo, "min" en hebreo], que su semilla esté en él, sobre la tierra. Y fue así [En el tercer día]" Gn. 1:11.

Aquí se observa claramente que el fruto se produce según su tipo específico, lo cual es muy obvio. Siendo precisamente por este versículo aparentemente tan simple, que concluyo o confirmo yo lo siguiente:

Que la "variación" entre los organismos es "un cambio dentro del límite de compatibilidad que produce una descendencia fértil."

Luego, en la transparencia doy un ejemplo de las plantas, donde digo que el origen de la variación es el cambio, y pongo como ejemplo a la planta *Drymocallis* y cuatro supuestas especies diferentes de la misma (*glandulosa* (con dos supuestas sub-especies), *reflexa* (con cinco supuestas sub-especies), *hanseni* (con cuatro supuestas sub-especies), *nevadensis* (con cinco supuestas sub-especies)), las cuales, tras una inspección más minuciosa se descubre que son más bien diferentes variedades de un mismo tipo o prototipo de organismo, es decir que todas estas cuatro, o todas estas 22, según se quiera detallar, son variedades del tipo principal, siendo todas ellas genéticamente compatibles, es decir, capaces de producir descendencia fértil.

El texto nos da más detalles al decirnos que entre la primera y la cuarta de las divisiones principales hay unos 10,000 pies (3.05 km de diferencia de altura) sobre el nivel del mar. Ubicando las primeras dos sub-divisiones del primer grupo en California: en las bajas montañas cercanas al "Océano Pacífico" (con el dibujo diciendo Stanford), luego las siguientes dos sub-divisiones, las primeras del segundo grupo, en las partes más bajas de la "Sierra Nevada", pasando justamente el valle de "San Joaquín", y luego la tercera y la cuarta subdivisiones del segundo grupo entrecruzándose con la primera (con el dibujo aquí diciendo Mather, y en este caso hay una subdivisión llamada así) y segunda subdivisiones del tercer grupo, siguiendo luego la tercera y cuarta o última subdivisión del tercer grupo, para luego seguir, después de éstas, la quinta subdivisión del segundo grupo. Luego tenemos a dos subdivisiones del cuarto grupo ubicadas en las partes más altas de California, para encontrarnos con las últimas tres, aún en lugares más altos, pero esta vez ya no de California sino de Nevada, y con la penúltima de todas éstas coincidiendo una vez más, como en Mather, con el nombre de la subdivisión y tal vez con el del lugar: Timberline, después de esto viene la "Gran Cuenca".

Finalmente, y para rematar este tremendo estudio de las bellezas de la naturaleza, vemos que las flores de alguna variedad del primer grupo tienen cinco pétalos elípticos amarillos, las del segundo grupo los tienen amarillos pero un poco más alargados, las del tercer grupo los tienen blancos y aún más redondeados, y las del cuarto grupo los tienen mucho muy delgados, casi como púas, de color amarillo. Pero, como decía, todas estas variedades pueden entrecruzarse produciendo descendencia fértil.[1]

En contra de este claro y simple tipo [min] de la Biblia, y el ejemplo que hemos visto (que se pudiera multiplicar casi hasta el infinito con diversos tipos de organismos y sus ilimitadas variantes compatibles), Carlos Darwin dejó una desenfrenada confusión en la biología hasta el día de hoy, ya que a propósito, aunque sonando como algo tonto, dijo: *"Tampoco discutiré aquí las varias definiciones que se han dado de la palabra especie. Ninguna definición ha satisfecho a todos los naturalistas; sin embargo, todo naturalista sabe vagamente lo que él quiere decir cuando habla de una especie... La palabra 'variedad' es casi igualmente difícil de definir... considero la palabra especie como dada arbitrariamente, por razón de conveniencia, a un grupo de individuos muy semejantes y que no difiere esencialmente de la palabra variedad"*... Pero, aún contradiciendo los usos darwinianos vagos o arbitrarios de los términos de especie y de variedad, Darwin tituló pretenciosa, errónea y ridículamente su libro, en vez de llamarlo "El origen de las variedades", lo que hubiera sido más cercano a lo que se observa en la naturaleza, lo tituló él más bien como si fuera (ver el título de su libro en las siguientes itálicas): Darwin, C. Capítulo 2: La variación en la naturaleza. *"El Origen de las Especies"*, 1859.

Por lo tanto, veremos que las tres principales abominaciones de la "Teoría darwiniana de la evolución" son las siguientes:

1. Darwin [mediante su discípulo T. Huxley], intentó expulsar a Dios de la Creación de Dios mismo en las mentes de los hombres (mediante el prohibir explicaciones sobrenaturales en la ciencia),

2. Darwin [mediante su discípulo T. Huxley] erróneamente asumió que átomos inorgánicos fueron capaces de organizarse a sí mismos para producir vida (la "Generación espontánea" o "Abiogénesis"),

---

[1] Todo esto corresponde a una clase de Mark D. Rausher, profesor de biología en la U. de Duke, de su primera lección, su segundo ejemplo.

3. Darwin erróneamente asumió que en millones de años, un tipo de organismo puede ser transformado en otro totalmente diferente, y según sus fantasías, seguir haciendo esto de una manera interminable (descendencia con modificación).

A diferencia de esas ideas ridículas y opuestas a Dios, tenemos la sana investigación realizada por G. Mendel, quien en base al Gn. 1:11 descubrió o corroboró, documentándolo, que: ¡"Organismos compatibles producen descendencia fértil"!

Es decir, que Mendel demostró que la herencia sigue un preciso patrón matemático, estadístico y probabilístico, mediante el cruzar diversas variedades de chícharos y aprender de la dominancia, fundando así el fructífero campo de la genética, comparado con el inútil o estéril y nocivo mundo del "darwinismo".

Vemos las siete características 100% dominantes que él estudió, las cuales perduran en la primera generación o F1, contrastadas con las recesivas; las dominantes son: Forma de la semilla: Redonda; color de la semilla: Amarillo; cubierta de la semilla: Gris; forma de la vaina: Suave; Color de la vaina: Verde; Posición de las flores: Axial; Altura de la planta: Alta (los rasgos recesivos con los que se cruzó fueron, respectivamente: semilla arrugada, verde y con cubierta blanca; y vaina constreñida (la que exhibe a sus internos chícharos, a diferencia de la otra) y amarilla; con flores en una posición terminal y con una baja altura de la planta).

Si ahora pasamos de las plantas a los peces y a las aves, los que fueron antes que cualquier animal terrestre, tales como los reptiles (y esto sin importar lo que digan las especulaciones "intelectuales" de aquellos hombres que han negado a Dios todo derecho de expresarse en Su escritura y en Su palabra), los mamíferos o aún los insectos, tenemos la siguiente escritura:

"Dijo Dios: Produzcan las aguas seres [almas, *nephesh* en hebreo] vivientes, y aves que vuelen sobre la tierra, en la abierta expansión de los cielos. Y creó [*bara*, traer de la nada algo nuevo: ¡el alma!] Dios los grandes monstruos marinos, y todo ser viviente que se mueve, que las aguas produjeron [abundantemente] según su género [tipo, "*min*" en hebreo], y toda ave alada según su especie [tipo, "*min*" en hebreo]. Y vio Dios que era bueno..." Gn. 1:20-21.

Luego pongo el ejemplo de los delfines, con el grandote delfín llamado "orca" u *Orcinus orca*, y reitero que variación es: Un cambio dentro del límite de compatibilidad capaz de seguir produciendo descendencia fértil. Entonces recurriendo a un ejemplo real que se dio en un "*Sea World*" de la falsa ballena asesina (*Pseudorca crassidens*) siendo el macho, es decir, el "papá", que aunque mal llamado "ballena" como a la orca misma se le ha dicho comúnmente, se trata en ambos casos de delfines grandes, y siendo la hembra o la "mamá" una delfín de nariz de botella: *Tursiops truncatus*, y a la hembra hija que nació de esta unión se le llama, erróneamente creo yo, en inglés: "*Wolphin*" (algo así como "*Ballena – delfín*").

A continuación pongo el ejemplo de la diversidad de pinzones, que en realidad es mayor que las trece supuestas "especies" de los mismos a las que Darwin llegó, de nuevo, mal llamando "especies" a las que en realidad son "variedades" o "razas" de un mismo organismo (como esas visibles en la variación entre humanos o canes), se ven 21 diferentes pinzones ("*finches*" en inglés con los más bellos colores y diferencias en tamaño, anchura y color de sus picos), la frase que pongo arriba de esa bella imagen o dibujo es la siguiente: "¡Dios diseñó a la vida para que fuera adaptable a diferentes ambientes, y para que desplegara una hermosa diversidad!".

Luego entramos a la escritura que nos habla del resto de los animales terrestres:

"Luego dijo Dios: Produzca la tierra seres [*nephesh*] vivientes según su género [*min*], bestias y serpientes y animales de la tierra según su especie [*min*]. Y fue así" Gn. 1:24.

En la pintura acompañante tenemos a los siguientes animales terrestres: jirafa, elefante, cebra, león, carnero, oso blanco, lobo, tigre, liebre, conejo, etc.

Luego, vemos precisamente el cambio adaptativo o variación dentro del límite de compatibilidad que produce una descendencia fértil para "el mejor amigo del hombre", que son los canes ("*Canis*"), viéndose en la foto los siguientes ejemplos: un lobo ("*Canis lupus*") blanco de las nieves con ojos naranja (es decir, lo blanco de los ojos), luego otro lobo del tipo que es más conocido, color gris obscuro, luego un coyote ("*Canis latrans*") algo peludo y con cola esponjada (comparado con otros más flacos y más lampiños), y luego un chacal de facciones más finas en el rostro (pero las dos supuestas especies africanas se mencionan en el texto: "*Canis aureus*" y "*Canis adustus*"), luego la imagen de un dingo y de unas 42 de las casi 250 razas o variedades de perros ("*Canis familiaris*"), pero éstas al menos cinco diferentes "especies" de animales, en la realidad son cinco diferentes variantes de un mismo organismo.

Ahora, la reflexión que me gusta hacer en este punto es la de que si esto ha sucedido con el más cercano y conocido animal para con el ser humano: ¿qué de errores al clasificar no se habrán cometido para el resto de los animales menos conocidos y cercanos al hombre?

Por lo que el siguiente ejemplo que me gusta poner es el de los camélidos sudamericanos, los cuales vemos en fotografías bellamente comparados: a la llama (*Lama glama*), al guanaco (*Lama guanicoe*), a la alpaca (*Lama pacos*), y a la menor de todas: ¡la vicuña! (*Vicugna vicugna*),[2] a la cual, si se puede observar, se le ha clasificado erróneamente, no sólo como si fuera una especie diferente, sino como si fuera aún: ¡un género diferente! Aquí entonces, tenemos la errónea clasificación de lo que parecieran ser para los que clasifican tres diferentes especies, ¡y un género diferente! Cuando en realidad solamente se trata de cuatro diferentes razas o variedades de un mismo organismo. Y si esto es lo que sucede con animales aún domésticos para el ser humano, otra vez nos preguntamos: ¿qué será de aquellos animales salvajes que son menos conocidos para el ser humano?

Lo que pongo a continuación en mis transparencias es la escritura que se refiere a los animales que entrarían en el "Arca de Noé":

> "De las aves según su especie [*min*], y de las bestias según su especie [*min*], de todo reptil de la tierra según su especie [*min*], dos de cada especie entrarán contigo, para que tengan vida" Gn. 6:20.

Y la reflexión que hago aquí para concluir con el primer apartado de mi presentación es de que ¡Dios mismo le envió a Noé las parejas de animales que Él quería que se preservaran entrando en el "Arca"! Esto nos hace pensar que, por lo tanto, no era el deseo de Dios que entraran al "Arca de Noé" aquellos gigantescos mamíferos que caminaron sobre

---

[2] Y, teóricamente, aún los camélidos del viejo mundo (los: "*Camelus dromedarius*" y los "*Camelus bactrianus*", y éstos dos entre sí se sabe que pueden producir descendencia fértil de nuevo aunque estén mal clasificados como si fueran diferentes especies) pueden entrecruzarse con éstos del nuevo mundo produciendo descendencia fértil (ya que todos ellos poseen 74 cromosomas).

la tierra de aquel entonces (de alguna manera esos eran aberraciones genéticas con un incontrolado factor de crecimiento o alguna otra alteración anormal que los hacía formar parte de algo que no era lo que originalmente Dios había creado como los tipos o "*min*", eran la contraparte de "*animaloides*" aberrante de los Neandertales, para el caso de los "*humanoides*" ya no humanos, sino, como veremos, híbridos entre los humanos y los grandes simios, hasta el punto que éstos se encuentran ya extintos).

LA BIBLIA Y LA GENÉTICA

2 GENÉTICA Y HUMANOS: HOMBRE Y MUJER

En la transparencia introductoria a este tema tenemos a una atractiva pareja que se miran frente tocando a frente con una sonrisa picaresca, desnudos pero aún cruzados de brazos. Y aquí tenemos las siguientes escrituras:

"Entonces dijo Dios: Hagamos al hombre a nuestra imagen, conforme a nuestra semejanza…" Gn. 1:26a.

"Y el mismo Dios de paz os santifique por completo; y todo vuestro ser, espíritu, alma y cuerpo, sea guardado irreprensible para la venida de nuestro Señor Jesucristo" 1 Tes. 5:23.

La última escritura, desde luego, cuando se observa en el texto griego como siempre contiene más riquezas y detalles, tales como que las tres palabras para los tres componentes del ser humano contienen artículos, siendo neutros tanto sus artículos para la primera y para la tercera palabra: "lo espiritual" y "lo corporal", y que la palabra que está en medio es femenina tanto su artículo como en ella misma (que en español no sonaría tan bien): "la alma", siendo estas las tres partes que componen a un ser humano, y lo distinguen de los animales los cuales tienen solamente a lo segundo y a lo tercero: a esa alma y a su propia corporalidad, pero que carecen y que son completamente incapaces de tener a "lo espiritual", lo cual es algo exclusivo del ser humano: ¡Un acto de auténtica creencia en Jesucristo como Señor de nuestras vidas es lo que lo confiere gratuitamente hoy a los seres humanos que creen en esto! Entonces, los animales, por más inteligentes que sean, son incapaces de recibir al espíritu que proviene solamente de Dios, como vemos aquí, al momento en el que Dios crea esa parte exclusiva, la más importante por ser la que determina nuestra eternidad, en el ser humano:

"Y creó [*bara*, algo único y nuevo: ¡el espíritu!] Dios al hombre a Su imagen, a imagen de Dios lo creó [*bara*]; varón [*zakar*, lit.: "con la prominencia"] y hembra [*neqebah*, lit. "con el orificio"] los creó [*bara*]" Gn. 1:27.

Luego vemos lo que fue primero, que es lo corpóreo o físico, y "el alma":

"Entonces Jehová Dios formó [*yatsar*, de materiales previos] al hombre del polvo de la tierra, y sopló en su nariz aliento de vida, y fue [*asah*, fue hecho: ¡llegó a ser!] el hombre un ser [*nephesh*] viviente" Gn. 2:7.

"*Asah*" es la misma raíz hebrea que se usa en Gn. 1:2 para decir que la tierra "llegó a ser (o a "quedar")" "*tohu va bohu*": "desordenada y vacía", por lo cual la tierra no fue creada así, sino que se volvió de esa forma debido a la rebelión y subsecuente batalla de Lucifer en contra de Dios y de su arcángel guerrero Miguel.

Luego pongo el ejemplo que en el caso de la variación humana nos muestra los diferentes colores en los ojos, viéndose en la foto una gradual variación yendo desde el azul claro (que en su caso más extremo hace que los ojos se vean casi blancos o grises), pasando por el verde hasta llegar al café obscuro (que en su caso más extremo hace que los ojos se vean casi como si fueran negros).

A continuación pongo la siguiente transparencia, de cuyo tema se podrían llenar volúmenes: "Los mecanismos de control de calidad molecular evitan cambios fuera de control dentro del DNA, de las proteínas, y de los organismos".

Lo que significa esa frase es que cuando uno conoce lo mínimo de la genética y de la biología molecular, uno descubre que las mismas moléculas que evitan aberraciones o malformaciones moleculares, son las que evitan que existan cambios fuera de orden entre las moléculas, destruyendo a la molécula aberrante tan pronto y como es formada, o reparando el daño lo antes posible, si es que fuera rota alguna cadena de ADN.

Además, en la misma transparencia se observan las variantes

funcionales para una misma proteína o enzima, y cómo es que esta variación molecular se expresa en la variación, ya sea en el color de la piel, en la estatura, o en cualquier otro rasgo físico de las personas, poniendo más de 40 ejemplos de seres humanos con los más diversos rasgos físicos y faciales.

Luego, en la siguiente transparencia se señala que: "Cada molécula fue diseñada con un mecanismo de control de calidad molecular definido", y se observan en el dibujo tres casos de reciclaje molecular, desde la destrucción del RNA mensajero que ya no se ocupa y las cuatro o más moléculas involucradas, incluyendo al exosoma; luego se ve la degradación de proteínas o enzimas dañadas, anormales o que ya no se ocupan, dentro del proteasoma y aún el reciclaje de ribosomas en donde también participan endonucleasas (enzimas que cortan por en medio o por dentro a los ácidos nucleicos que ya no se ocupan).

A continuación pongo la explicación bíblica que nos dice, por parte de Dios, El único que podría ser capaz de esclarecer esto, ya que Él mismo fue el artífice de ésta diferenciación, acerca del origen de la mujer a partir del hombre (¡oh milagro de milagros y acto de la sabia voluntad de Dios para con esto enseñarnos tantas cosas!):

"…tomó [Dios] una de sus costillas, y cerró la carne en su lugar. Y de la costilla que Jehová Dios tomó del hombre, hizo una mujer …Dijo entonces Adán: Esto es ahora hueso de mis huesos y carne de mi carne; ésta será llamada Varona, porque del Varón fue tomada" Gn. 2:21b-23.

Y pongo en el dibujo que acompaña a esta escritura la diferencia en los cromosomas x (equis) de la mujer y el cromosoma y (y griega) del hombre y cómo es que el aspecto microscópico de estas dos estructuras se ve reflejado también en el idioma hebreo (así como antes lo fuera el código genético en las cuatro letras hebreas: SPRK para referirse a ese portentoso libro ideado y formado por Dios).

Aquí vemos que la palabra "varón" en hebreo es: "Ish", palabra formada por (y aquí vemos a los caracteres hebreos, comenzando de derecha a izquierda): el *aleph* (que se parece al cromosoma "X") – la *yod* (que se parece al cromosoma "Y") – y *sheen*; siendo aquí abajo la cuarta palabra, de derecha a izquierda y comenzando con su segunda consonante, ya que en el idioma hebreo se fusionan las palabras (en semejanza con el alemán):

yiq·qā·rê	'iš·šāh,	kî	mê·'îš	lu·qo·ḥāh-
יִקָּרֵ֣א	אִשָּׁ֔ה	כִּ֥י	מֵאִ֖ישׁ	לֻֽקֳחָה־זֹּֽאת
shall be called	Woman	because	out of Man	was taken

Luego vemos, sorprendidos, que la palabra para "varona" ("hembra", la segunda de derecha a izquierda, arriba), derivada de "ish" en el hebreo, es: "ishah", la cual ¡carece de la yod así como la mujer carece de todo cromosoma masculino "y" en su organismo! Lo cual en caracteres hebreos es (de nuevo recordando que esto va de derecha a izquierda): *aleph* (de nuevo, y recordando que se parece al cromosoma "x" femenino) – *sheen* – *hey*. Figura tomada de: https://biblehub.com/interlinear/psalms/139-16.htm, fragmento cuya traducción literal al español (leyendo de derecha a izquierda) sería: *"...será llamada varona porque del varón fue sacada..."*

"Entonces Jehová Dios hizo caer un sueño profundo sobre Adán y, mientras éste dormía, tomó una de sus costillas y cerró la carne en su lugar. De la costilla que Jehová Dios tomó del hombre, hizo una mujer, y la trajo al hombre" Gn. 2:21-22.

Aquí vemos lo que yo llamo la primera anestesia con fines médicos, llevada a cabo por Dios, quien tomó la costilla, la que posee células pluripotenciales de las que se puede obtener cualquiera otra célula, siempre y cuando se les agreguen los ingredientes adecuados, ya que su médula ósea posee tanto a la médula roja (de la que proceden los glóbulos rojos y las plaquetas) como a la médula amarilla (de la que proceden los tan versátiles glóbulos blancos para nuestro sistema inmune); y se sabe que una médula se puede transformar en la otra según la necesidad, y que células madre sanguíneas pueden transformarse en productoras de cualquier otra célula o tejido según la necesidad y los ingredientes que se le pongan (enzimas diversas tales como factores de diferenciación, de crecimiento, etc.).

Luego, en mi experimento teórico para esta transparencia, se observa una célula masculina de la médula ósea a la que se le ha removido su cromosoma "y", al lado de otra célula de la cual se ha tomado su cromosoma "x" para insertárselo a la anterior, obteniendo así de una manera artificial muy semejante a la que Dios pudo haber usado, para obtener de células masculinas con cromosomas "y", al remover a dichos cromosomas e insertar de células contiguas los cromosomas "x", una célula que originalmente era "xy" ahora es "xx", con lo que es posible obtener, primero una célula femenina, para de ella obtener un clon femenino a partir de dos células masculinas; es decir, que Eva se podría considerar como el "clon" femenino producido por Dios a partir de las células pluripotenciales contenidas dentro de una costilla de Adán.

Luego viene más evidencia molecular acompañando al siguiente versículo:

"Por tanto, dejará el hombre a su padre y a su madre, y se unirá a su mujer, y serán una sola carne. Y estaban ambos desnudos, Adán y su mujer, y no se avergonzaban" Gn. 2:24-25.

Con el siguiente ejemplo entonces, se confirma para mí el hecho bíblico de que el hombre fue antes de la mujer, ya que toda mujer, para poder producir sus hormonas femeninas, necesita primero producir todas las hormonas masculinas y no al revés, es decir: ¡qué para obtener las moléculas de las hormonas femeninas se necesita un paso adicional que modifique a las moléculas de las hormonas masculinas!

En la imagen se corrobora o se comprueba esto con el ejemplo (que simplificado aquí describimos como) a partir de la testosterona, la cual experimenta la oxidación del grupo metilo (CH_3) que posee el anillo hexagonal aromático que contiene al oxígeno mediante un doble enlace, mediante la intervención de la enzima aromatasa para obtener el estradiol.

Luego pongo la explicación de que: "Los humanos tienen 46 cromosomas en todas sus células, excepto en las células reproductivas, en las que tienen solamente 23 cromosomas", y en el dibujo se ve que al unirse los 23 cromosomas de cada progenitor (teniendo la mujer puras "x" para los cromosomas sexuales, mientras que el hombre tiene a la mitad de sus espermas producidos para una eyaculación siendo "x" y a la otra mitad siendo "y"), se completan los 46 cromosomas del bebé (que según el esperma que le toque en este "sorteo", resultará un niño, si es portador del cromosoma "y", o una niña, si es portadora del cromosoma "x").

Y con esta trasparencia o ilustración termino este capítulo para proceder con los dos más intrigantes que consisten, el que sigue con una falsificación burda patrocinada por el adversario o enemigo de Dios, y el último con el genuino despliegue molecular que Dios tuvo en bien llevar a cabo para desatar su programa de salvación al humano.

3 GENÉTICA DE HÍBRIDOS ESTÉRILES Y DE PSEUDO-HUMANOS EXTINTOS

La transparencia que da inicio a este capítulo nos muestra a un par de animales híbridos estériles del lado izquierdo, tales como a un tiglón (o tigón) al lado de una dama que se apoya en su cabeza, así como el de una mula de asno y de cebra, luego, del lado derecho de ven 15 calaveras de diferentes "homínidos" extintos (por ser estériles, argumento yo), principalmente de los "Australopitécinos".

Entonces, y a pesar de las emociones humanas carentes del enfoque divino, las cuales deliberadamente producen híbridos estériles, según eso para tener animales "mejorados" y más "dóciles" para diversas labores del campo, tales como las mulas y los machos, esto es lo que inicialmente Dios nos indica:

"Mis estatutos guardarás. No harás ayuntar tu ganado con animales de otra especie [*kilayim*, dos tipos diferentes] (NVI (en inglés): "No aparees diferentes tipos de animales")..." Lev. 19:19a.

Luego ejemplifico el caso de los híbridos estériles entre los grandes felinos a mencionar que si el macho es el tigre, que posee 32 cromosomas y la leona es la hembra, que posee 38 cromosomas, al quedar el tiglón con un número impar o non de cromosomas (por ejemplo 35), eso es lo que ocasiona que el animal sea estéril, por lo que los híbridos no tienen continuidad, son como un caso de control genético para evitar aberraciones que se brinquen las barreras de un organismo a otro, y para permitir que los organismos sigan perteneciendo a sus tipos fértiles normales. El ejemplo alternativo es cuando el macho es el león y la hembra es la tigresa, al producto se le llama en este caso "líger" aún cuando posea el mismo número de cromosomas nones que en el caso anterior.

Entonces, como señalaba, poniendo ahora el ejemplo de los equinos en mi siguiente transparencia, digo que: "Otro control de calidad es que si grupos incompatibles se aparean, el producto masculino siempre es estéril (teniendo un diferente número de genes (que ya vimos que es non) que el de cualquiera de sus diferentes progenitores (que ya vimos que por necesidad es un número par)".

En las ilustraciones para esta transparencia vemos tres ejemplos de híbridos estériles, todos ellos y todo híbrido estéril están bajo la prohibición, en el caso del Antiguo Testamento, de Dios mismo: burro (62) + yegua (64) = mula (63); caballo (64) + burra (62) = burdégano (también llamado macho romo o burreño, 63) y burro (62) + cebra (44) = "*Zonkey*" (¿un "*burbra*"?, 53?).

Entonces, todo esto nos indica que: "Un grupo de organismos no puede producir, sin importar que tanto tiempo interviene, un grupo totalmente diferente de organismos que es genéticamente incompatible con su tipo original o prototipo" (y en la ilustración pongo una gran cruz tachando esa obsoleta idea de que el chimpancé (o un utópico e inexistente "ancestro del humano parecido a éste"), que posee 48 cromosomas, con el tiempo puede ser capaz de convertirse en un ser humano, que posee 46 cromosomas).

Luego, en la siguiente transparencia pongo el ejemplo crucial del primer artículo que demostró que los neandertales no eran en lo absoluto ancestros del ser humano, en el gráfico comparativo se observa que cuando se compara en su ADN a humanos con humanos, y por más diferentes que éstos sean, se logra una campana de Gauss perfectamente distintiva, oscilando, en el eje horizontal y colocadas en el extremo izquierdo, del 1 al 19 para el número de sus diferencias; en cambio, en el extremo derecho vemos la comparación entre secuencias de ADN de humanos con chimpancés, la campana de Gauss se dispara en el número de diferencias entre ambos, yendo en el eje horizontal de 46 a 63; quedando en medio, más cerca de la campana de Gauss de la comparación para los humanos con humanos que para los humanos comparados con los chimpancés, aquella comparación entre humanos y neandertales con diferencias que van de 20 a 32, y hasta a 34 en un salto anormal solamente visible en esta campana gaussiana, para el eje de las equis ("x" u horizontal; en el eje de las "y" o vertical se tiene el concepto de: "porcentaje de pares", que llegan, en el centro de sus campanas para las comparaciones que aparecen a los extremos hasta 14; mientras que para la comparación que se ve al centro, llegan estos pares hasta 20).[3]

Luego presento el posible origen de *Australopithecus*, *H. erectus*, neandertales, etc., diciendo que: Los humanos tienen 46 cromosomas mientras que los grandes simios (chimpancé, bonobo, orangután, gorila) tienen 48. Entonces, un híbrido estéril (de cualquiera de los mencionados primeramente), pudiera haber sido el producto de humanos y grandes simios... En el dibujo se observa que para los gametos o células reproductivas del humano se tienen 23 cromosomas, mientras que para cualquiera de los grandes simios se tienen 24 cromosomas, por lo que los híbridos quedarían con un cromosoma non: 47, siendo por lo tanto estériles (además, excepto por los chimpancés y bonobos que son variantes del mismo tipo, y por lo tanto son capaces de producir descendencia fértil, los posibles híbridos del resto de los grandes simios y de éstos con aquellos, son también estériles).

Este problema entre la hibridación estéril de humanos con animales era tan serio en el mundo antiguo, aún después del diluvio acontecido en los días de Noé, que Dios tuvo reiteradamente que prohibirles a los de Israel que hicieran eso, ya que todas las naciones alrededor de ellos lo estaban haciendo, veamos algunos ejemplos de éstas advertencias, únicas por veraces y honestas en el mundo antiguo, dadas solamente por Dios, nuestro creador y el conocedor de lo que más nos conviene:

"Cualquiera que cohabitare con bestia, morirá" Éx. 22:19.

"Cualquiera que tuviere cópula con bestia, ha de ser muerto, y mataréis a la bestia. Y si una mujer se llegare a algún animal para ayuntarse con él, a la mujer y al animal matarás; morirán indefectiblemente; su sangre será sobre ellos" Lev. 20:15-16.

"Maldito el que se ayuntare con cualquier bestia. Y dirá todo el pueblo: Amén" Dt. 27:21.

---

[3] Krings *et al.* "Neandertal DNA sequences and the origin of modern humans (Secuencias de ADN de neandertales y el origen de los humanos modernos)". *Cell* 1997. 90 (1): 19–30.

"Ni con ningún animal tendrás ayuntamiento amancillándote con él, ni mujer alguna se pondrá delante de animal para ayuntarse con él; es perversión. En ninguna de estas cosas os amancillaréis; pues en todas estas cosas se han corrompido las naciones que yo echo de delante de vosotros..." Lev. 18:23-24.

Éstas citas del Éxodo, del Deuteronomio y del Levítico, principalmente de este último son contundentes, sobre todo la última que nos deja sorprendidos al declarar franca y honestamente: *"en todas estas cosas se han corrompido las naciones..."*.

Y es precisamente una escritura relacionada que habla acerca del mismo tema, en el sabio libro de los Proverbios, en donde se nos indica que ese es precisamente el origen de esas "monstruosidades" biológicas estériles productos de tener sexo los humanos con los grandes simios (y acompaño a esta reveladora escritura con las imágenes tomadas de altorrelieves procedentes de la India y de Egipto, en el primero se ven pequeños simios capaces de sostener mazos con manos con dedo pulgar y en el otro se ven altos simios con cola capaces también de sujetar objetos):

"Cuando la sabiduría entrare en tu corazón, y la ciencia fuere grata a tu alma... [tú] serás librado de la mujer extraña [*zuwr*, adúltera, insaciable] ... Por lo cual su casa está inclinada [*sahah*] a la muerte, y sus veredas hacia los muertos [*Rephaim*]. Todos los que a ella se lleguen, no volverán, ni seguirán otra vez los senderos de la vida... los impíos serán cortados de la tierra, y los prevaricadores serán de ella desarraigados" Prov. 2:10, 16-19, 22.

Aquí los ancianos le recomiendan al futuro rey Salomón el darle preferencia a la sabiduría que a las bellas mujeres, pero infieles, especialmente infieles a Dios, espiritualmente adúlteras, pero desgraciadamente, una vez viéndose con todo el poder y con muchas riquezas, Salomón se olvidó de éstos consejos y fueron precisamente las mujeres paganas la que desviaron su corazón de su andar con Dios. El texto dice que las veredas de la mujer sexualmente insaciable, tarde que temprano conducen a la producción o engendro de "monstruos", de esos "Rephaim" que son los neandertales y todas esas variantes estériles y actualmente extintas de "homínidos" semejando al ser humano, pero no siendo verdaderos humanos. Luego, para corroborar que se refiere a esas razas inmundas, vemos que dice que: *"los impíos serán cortados de la tierra... desarraigados"*, y esto primero es precisamente lo que esos seres no humanos experimentan inmediatamente al morir: son *"cortados de la tierra*", es decir, se quedan en la nada para siempre, y así también seguirán sus pasos los que como ellos, se dedican al mal y a hacer caer a otros.

En la siguiente transparencia, señalo lo que sigue: "Para el origen de esas obras de maldad (los "homínidos"), hay dos opciones: 1) ya sea que humanos (varón y hembra) paganos tuvieron sexo constantemente con un grupo similar de simios por región, para levantar una pequeña población de seres estériles híbridos (*v.gr.*, *Austraolopithecus*), o, 2) Que en una forma similar en la que Dios clonó una célula masculina para obtener una mujer, los ángeles caídos pudieran haber intentado falsificar y burlarse de la concepción divina venidera que nos traería a Cristo (Gn. 3:15), mediante el producir una "descendencia" temporal humano/simio (Neanderthal, etc.)…"

Así, aquí tendríamos con esto a la falsificación de la concepción sobrenatural venidera que sería patrocinada por Dios, como veremos en el siguiente capítulo (referente a la venida de Jesucristo), engendrando todo lo opuesto al Mesías, engendrando falsos "héroes", "paladines" o "caudillos" monstruosos como Goliat, que era uno de ellos.

En las imágenes que presento, señalo lo siguiente, publicado en la prestigiada revista "*Science*": "La evidencia indica que los neandertales aparecieron cerca de o dentro de asentamientos humanos! (Science 328, p. 681, 7 Mayo, 2010)". Luego se observa que los asentamientos de neandertales en toda Europa (representados con cuadros) aparecieron cerca de las poblaciones humanas (representadas con círculos), habiendo sido contemporáneos de los humanos, incluso, en la región del Medio Oriente, se observa que los humanos antecedieron a la aparición de los neandertales, indicando con esto que los neandertales fueron un subproducto de la degradación o decadencia humana, por ejemplo, en Hayonim hubo seres humanos antes de que existieran los neandertales, así mismo, las poblaciones humanas de Qafzeh y Skhul, son contemporáneas con las poblaciones cercanas de neandertales, que son Amud, al norte de las dos primeras, de Tabun, a la derecha de la tercera, y de Kebara, en la parte inferior de esta última.

4 LA GENÉTICA DE JESUCRISTO

Finalmente, en este estudio veremos la maravilla que fue la concepción de Jesucristo, completamente entendible a partir de la ciencia de la genética, la que en realidad fuera generada u originada inicialmente por Dios mismo, cuando creó todo cuanto tiene vida.

Primeramente veremos la forma en la que fue anunciado a María, su madre, el milagroso nacimiento de Jesucristo, su hijo primogénito, dice la escritura:

"Respondiendo el ángel, le dijo: espíritu santo vendrá sobre ti, y el poder del Altísimo te cubrirá con su sombra; por lo cual también el Santo Ser que nacerá, será llamado Hijo de Dios" Lc. 1:35 [ver también Mt. 1:20].

En las fotos a la izquierda de esta escritura, se observa a una representación de María regocijándose en su bebé Jesús, mientras éste se sonríe, luego debajo de ésta se ve que el arcángel Gabriel le está dando recomendaciones precisas a José, ya que una vez que estuvieron legalmente unidos, aquel que era responsable de recibir la revelación de Dios para el bien de la familia, el cabeza de familia, era José, y a éste se dirigió Dios para proteger por completo al niño Jesús.

Luego, repito la parte dominante versus la recesiva del experimento de Mendel, para indicar que Dios tenía el control total de la genética de Jesús, el pequeño ser que nacería, de la siguiente manera:

"En la Sabiduría de Dios, Él tenía en Su mano derecha, no solamente la forma de definir el sexo de la simiente prometida (quien sería un hombre, mediante el "Cromosoma Y", el cual normalmente está bajo el control del progenitor masculino, estando ahora bajo el control de Dios quien lo depositaría en el óvulo de María), sino también la dominancia de todos los genes, para hacer al salvador un hombre perfecto (con genes o sangre inocente, pura y limpia, como Adán y Eva los tenían antes de su caída), cubriendo así deficiencias genéticas presentes en los genes complementarios de María". Luego verbalmente detallo algunos de los problemas genéticos evidentes en María, comenzando por una esterilidad femenina de sus parientas, visible en Sara, en Raquel, y en Elizabeth, madre de Juan el Bautista; pero también algunos problemas genéticos que se expresaron en antepasados masculinos, tales como la extrema vellosidad de Esaú (hoy se le llamaría médicamente, y no es broma, ustedes lo pueden verificar: "síndrome del hombre lobo", ya que era velludo hasta en el cuello), el pelirrojo, hermano gemelo de Jacob.

En la ilustración que diseñé, se observa una mano derecha sosteniendo el cromosoma y, y por encima de éste se ven el resto de los 22 cromosomas, los cuales, como se dijo, se visualizan, en su totalidad, conteniendo ese 50% restante, con solamente buenos genes, es decir genes dominantes, capaces de cubrir todo posible gene recesivo que pudiera estar contenido en el otro 50% proporcionado por el óvulo de María. Y así, de esta manera tan maravillosa y majestuosa, tenemos a Dios profetizando a través de las moléculas y de los cromosomas humanos, que Su hijo Jesús vendría a cubrir toda falla e imperfección de todos aquellos que le creyeran y le aceptaran como su único Señor.

Un rebaño de ovejas aparece en la siguiente transparencia, visto de frente, y las siguientes palabras: "Como era Adán antes de su caída (perfecto genéticamente)... así Jesús necesitaba ser (para poder recuperar todo lo que Adán había perdido al cometer alta traición en contra de Dios), además, Jesús necesitaba ser un ser humano miembro del mismo rebaño (es decir, miembro de la misma humanidad, pero no en lo absoluto un ser diferente a lo que es ser humano; si hubiera sido un "Dios", su obra no habría sido legalmente válida, necesitaba ser humano en todos los sentidos, pero con una genética o sangre limpia, tal y como la que Adán tenía antes de la caída, es decir, antes de hincar sus dientes sobre el fruto prohibido e ingerirlo, eso marcó la entrada de la muerte, que aún biológicamente y genéticamente quedó incrustada en todo esperma a ser producido a partir de ese momento por todo varón humano que existiera)"; pero para cumplir todo lo anterior que está entre paréntesis, se precisaba de una creación especial en el óvulo de María que daría origen a Jesús, sin intervención alguna de espermas de varón compenetrados de muerte. Por eso la escritura nos dice lo siguiente que es mucho muy bello:

"Así que, por cuanto los hijos participaron [*koinoneo*, participar plenamente] de carne y sangre, él también participó [*metecho*, tomar una parte solamente] de lo mismo… Porque ciertamente no socorrió a [no tomó (la naturaleza de)] los ángeles, sino que socorrió a [tomó (la naturaleza de)] la descendencia de Abraham [en el óvulo de María, en la carne]. Por lo cual debía ser en todo semejante a sus hermanos…" Heb. 2:14-17.

La porción (el *metecho*, más no el *koinoneo*) que Jesús tomó fue la de la carne, como el resto de los seres humanos, y también tuvo sangre, como el resto de la humanidad, pero sangre como la que Adán tenía antes de su caída, en ese punto si se distinguía de el resto de los varones mortales contemporáneos a él, ya que él, por contener esa sangre limpia (esa genética sin taras ni nada recesivo) era biológicamente inmortal, pero él decidió entregar eso, entregar su vida biológicamente inmortal, para recibir de Dios una vida mejor: ¡una vida espiritualmente inmortal!

Y eso de que Jesús *"debía ser en todo semejante a sus hermanos"*, es precisamente lo que decimos que cumple las profecías del Antiguo Testamento que hablan de que el cordero del sacrificio de la Pascua debería de ser tomado del rebaño mismo.

Entonces, concretando lo ya dicho con una ilustración, tenemos lo siguiente, que: "María proporcionó el óvulo y sus 23 cromosomas, pero que Dios proporcionó además, dentro de ese óvulo de Mará, los 23 cromosomas correspondientes al esperma, incluyendo el "Cromosoma Y"", es decir, que: "había 23 cromosomas imperfectos en el óvulo de María, el *meteco* (la parte correspondiente a su apariencia física, a su parte carnal), ¡la parte que estaba en Jesús!, pero también había: 23 cromosomas perfectos y dominantes formados por Dios (los que corresponderían al esperma del varón), incluyendo el "Cromosoma Y", el cual garantizaría que el producto fuera un varón, como era requerido por ley, cromosomas estos que fueran creados por Dios, habiendo sido depositados dentro del óvulo de María por Dios mismo, lo que dio como resultado 46 cromosomas en Jesús, como en todos los seres humanos (¡pues él debía de ser en todo semejante a nosotros!)". Entonces, ¡se trató de un acto de creación divina molecular único e irrepetible en la historia de toda la eternidad dentro del óvulo de María! Por lo cual leemos lo siguiente:

"Y aquel Verbo [*Logos*, la Verdad completa de Dios] fue hecho carne, y habitó entre nosotros (y vimos su gloria, gloria como del unigénito [*monogenous*] del Padre), lleno de gracia y de verdad" Jn. 1:14.

Cumpliendo esta escritura con la profecía de Zac. 12:10, la cual nos dice, lo que hoy sabemos: que Jesús fue tanto el unigénito de Dios, como el primogénito de María. Es decir, que Jesús fue el único "unigénito (*monogenous*) de Dios en el sentido genético de que: ¡él era y será el único concebido en semejante forma por Dios mismo! Con Cromosomas dominantes (incluyendo el cromosoma masculino "Y") ¡Creando y formado todo esto por Dios dentro del óvulo de María!".

¡Y debido a Jesús, nosotros que creemos en él como nuestro Señor Viviente, nosotros también llegamos a ser los hijos de Dios con Dios mismo creando espíritu dentro de nosotros!

En conclusión de todo esto, una vez más señalaré que: "La concepción divina de Jesús consistió en que Dios formó los genes perfectos complementarios dominantes que cubrieron a aquellos recesivos que estaban presentes en María, incluyendo la creación de Dios del Cromosoma Y, responsable de producir un bebé varón".

Finalmente, ahora sí, para terminar con este tema y tratado, señalaré que, como dice Salomón en su libro acerca de su arrepentimiento:

"Todo lo hizo [Dios] hermoso en su tiempo…." Ecl. 3:11a.

A lo que yo digo: "Ciertamente, ¡Amén!".

5 CONCLUSIONES

Para terminar, he de decir desde la perspectiva postdoctoral en "Biología Molecular" de un creyente en Dios y en su revelación escrita y en la revelación continua, la que no contradice a la anterior, sino que la refuerza en la práctica de la vida diaria:

1. Que cuando se evalúa a los organismos que son capaces de producir descendencia fértil se descubre que hay una enorme falla en todas las clasificaciones científicas de los organismos vivientes; gran error que una vez que es corregido, nos demuestra que los organismos prototípicos de cada grupo, por parejas, fueron aquellos capaces de entrar al arca de Noé para preservarse y generar toda la diversidad o variación dentro de cada grupo, por ejemplo, para "el mejor amigo del hombre" con sus casi 250 razas o variedades de cánidos (de perros), las cuales incluirían, con este conocimiento bíblico, al lobo, al coyote, al chacal, al dingo, al perro aullador de Nueva Guinea, etc., dado que todas ellas son capaces de producir descendencia fértil.

2. La evidencia molecular de que la mujer ha sido tomada del hombre radica en el hecho de que para producir sus hormonas femeninas como el estrógeno, ella necesita primero producir las hormonas masculinas como la testosterona, y llevarlas un paso metabólico más adelante con la intervención de la enzima aromatasa; evidencia de que Dios ha sido el creador del hombre es que al hablar del libro que contiene la información para cada parte del cuerpo utiliza una palabra hebrea de cuatro consonantes agrupables en dos grupos de dos con afinidades en sus respectivas apariencias, tales como lo son los nucleótidos: SP y RK (SPRK), y la evidencia de que Dios ha formado a la mujer a partir de células medulares tomadas de la costilla de Adán se descubre en los nombres hebreos para varón y varona, conteniendo el primero la yod: "y", alusiva al cromosoma con los genes para el hombre: el "Cromosoma Y", mientras que el segundo, el nombre para la mujer en hebreo, carece de la yod o "y", indicando así Dios con la forma de las letras hebreas, la realidad molecular contenida detrás de ellas, tal y como Él mismo lo hizo al hablar del "Código genético" del ser humano.

3. El origen de los seres con apariencia intermedia entre grandes simios y humanos (tales como neandertales, australopitécinos, *H. erectus*, etc.) se puede comprender a partir de hibridaciones de humanos con grandes simios, lo que produjo organismos estériles, razón de su extinción, lo cual es claramente expuesto en la Biblia; la prohibición de Dios es clara de no entrecruzar organismos que darían descendientes estériles, tales como las mulas, los machos, los tiglones, los ligers, etc.

4. La maravillosa concepción de Cristo fue el resultado molecular de Dios creando o formando el cincuenta por ciento de los genes perfectos y dominantes en el óvulo de María que daría origen a Jesús, es decir, los 23 cromosomas necesarios, incluyendo al "Cromosoma Y", el cual determinaría que el producto sería un varón, lo cual Dios necesitaba tener bajo control para el nacimiento de Su hijo perfecto, el cual sería capaz de reclamar todo aquello que Adán perdiera al cometer alta traición en contra de Dios, ya que Jesús tendría la sangre limpia, hablando de la genética perfecta, como la que Adán mismo tenía antes de su caída. Esta forma de dar origen a un varón ha sido y será única a través de toda la historia de la humanidad por toda la eternidad, por eso la escritura nos dice que Jesús es el unigénito (*monogenos*) de Dios, es decir el único engendrado de semejante forma, la cual no fue una copulación sino más bien un acto de ingeniería genético-espiritual manifiesta en el plano físico llevado a cabo por Dios en base a una promesa que Él ya le había hecho a la humanidad desde Gn. 3:15, lo cual requería de la creencia total de la mujer involucrada, María, de que eso era posible. Al aceptar a Cristo, también nosotros recibimos la naturaleza divina de forma espiritual, recibiendo esos genes espirituales de Dios.

6 APÉNDICE

El balance numérico de los cuadrantes uno y tres: 1 (1) + 1(3) + 1(4) + 4(2), lo que significa primero que hay un codón solitario en cada uno de estos cuadrantes: Trp y Met (el codón iniciador), respectivamente, y luego que hay una función o amino ácido con tres codones: Alto (los tres codones terminadores) e Ile, respectivamente, para luego encontrarnos con un aminoácido con cuatro codones en estos cuadrantes: Ser y Thr, respectivamente, para finalmente encontrarnos con cuatro amino ácidos que poseen solamente dos codones en estos mismos cuadrantes uno y tres, a saber: Phe, Leu, Tyr y Cys, para el primer cuadrante, y Arg, Ser, Lys y Asn para el tercer cuadrante.

Por su parte, el balance numérico de los cuadrantes dos y cuatro es el siguiente: 2(2) + 3(4), lo cual significa esto: que existen dos amino ácidos por cuadrante que poseen dos codones: A saber His y Gln para el cuadrante dos, y Glu y Asp para el cuadrante cuatro; y finalmente que tenemos tres amino ácidos por cada uno de estos cuadrantes, los cuales poseen cuatro codones cada uno: Leu, Pro y Arg para el cuadrante dos, y Gly, Ala y Val para el cuadrante cuatro.

LA BIBLIA Y LA GENÉTICA

ACERCA DEL AUTOR

Fernando Castro Chávez profesionalmente posee un postdoctoral en Biología Molecular por los norteamericanos Institutos Nacionales de Salud (*NIH*), habiendo trabajado para su doctorado (PhD) en el Colegio Baylor de Medicina (*BCM*, en Houston, TX), obteniendo éste así como su Maestría (MSc en Procesos Biotecnológicos) en la U. de G., mientras que su Licenciatura (BSc en Ingeniería Agrícola en Agroecosistemas) y su Especialidad (en Zootecnia) las obtuvo en la U.A.G. Además, en un sabático preparó "Arreolanza o La Clase de Arreola", así como su descubrimiento de la "Lectura Alterna de "La feria" de Arreola a través de sus viñetas (dibujadas por Vicente Rojo Almazán)" (documentado en sus "Comentarios a "La feria" de Arreola" y en otros lugares), y el texto de la novela "Ecos terrenos".

www.ingramcontent.com/pod-product-compliance
Lightning Source LLC
Chambersburg PA
CBHW030519220526
45464CB00006B/2868